1分钟儿童小百科

动物小百科

介于童书 / 编著

江苏凤凰科学技术出版社 · 南京

图书在版编目（CIP）数据

动物小百科 / 介于童书编著 . — 南京：江苏凤凰
科学技术出版社, 2022.2
　（1分钟儿童小百科）
　ISBN 978-7-5713-2224-3

　Ⅰ . ①动… Ⅱ . ①介… Ⅲ . ①动物—儿童读物 Ⅳ .
①Q95-49

　中国版本图书馆 CIP 数据核字 (2021) 第 164501 号

1分钟儿童小百科

动物小百科

编　　　著	介于童书	
责 任 编 辑	孙沛文	
责 任 校 对	仲　敏	
责 任 监 制	方　晨	

出 版 发 行	江苏凤凰科学技术出版社
出版社地址	南京市湖南路 1 号 A 楼，邮编：210009
出版社网址	http://www.pspress.cn
印　　　刷	文畅阁印刷有限公司

开　　　本	710 mm × 1 000 mm　1/24
印　　　张	6
字　　　数	150 000
版　　　次	2022年2月第1版
印　　　次	2022年2月第1次印刷

标 准 书 号	ISBN 978-7-5713-2224-3
定　　　价	36.00元

图书如有印装质量问题，可随时向我社印务部调换。

扫一扫 听一听

　　地球上有数百万种形形色色、大大小小的动物，从体长只有数毫米的织叶蚁到长达 33 米的蓝鲸；从天上飞的秃鹰到陆地上奔跑的猎豹，再到海底深处随波逐流的珊瑚虫，它们遍布地球的各个角落。这本书就是向孩子们介绍缤纷多彩的动物世界，展现多种动物类群的生活方式。每种动物类群，如哺乳动物、鸟类、爬行动物、两栖动物、鱼类、无脊椎动物，都选取了具有代表性的动物，从它们有趣的生活习性和生物特征等方面加以介绍。本书图文并茂，引领孩子们走进神奇的动物王国。

目录

bǔ rǔ dòng wù
哺乳动物

6

哺乳动物是一种恒温脊椎动物，雌体借由乳腺哺育后代。哺乳动物身体有毛发，大部分都是胎生，是动物发展史上最高级的阶段，也是与人类关系最密切的一个类群。

哺乳动物在进化的过程中形成了许多特征，从而大大提高了后代的成活率，增强了对自然环境的适应能力。

鸭嘴兽

鸭嘴兽是最古老的哺乳动物之一，亿万年来一直处于从爬行动物向哺乳动物过渡的阶段，还没有完全进化。雌兽像鸟儿一样产卵，然后用自己的体温将卵孵化。鸭嘴兽妈妈虽然没有乳房和乳头，但腹部两侧能分泌乳汁，小鸭嘴兽就伏在妈妈腹部吃奶，所以鸭嘴兽也是一种哺乳动物。

趣味小知识

鸭嘴兽没有牙齿，在水中捕到食物后先藏腮帮子里，再浮上水面用颌骨夹碎后食用。

刺猬

刺猬非常胆小，常将窝安在远离人类的荒郊野地或溪流边上。它们白天睡觉，夜晚觅食。一旦遇到危险，就将全身卷成一团，变成一个"刺球"，直到感觉危险解除，才慢慢将头露出来，再慢慢行走。遇到有气味的植物时，它们会将其嚼碎吐到自己的刺上，使自己带有植物的气味，以此来蒙蔽敌人。

趣味小知识

刺猬怕饿又不得不冬眠，所以一般会等到气温降到无法忍受时才开始冬眠，如果醒得太早会被饿死。

yǎn shǔ
鼹鼠

鼹鼠非常擅长挖土，它的学名在拉丁语中是"掘土"的意思。它通常白天住在土坑里，夜晚捕食。由于长期不见天日，鼹鼠的视力已经完全退化，很不习惯阳光照射。如果它长时间暴露在阳光下，全身器官的功能就会失调，严重时甚至可能导致死亡。鼹鼠还是一种胆小的动物，遇到危险会大声尖叫吓唬敌人。

趣味小知识

鼹鼠能识别气味的差异，还能凭嗅觉确定食物的具体位置。

蝙蝠的四肢和尾之间有一层薄而坚韧的皮质膜，这使得它能像鸟一样鼓翼飞行，是哺乳动物中唯一能真正飞行的种类。它的指骨特别长，方便连接皮质膜。前肢拇指和后肢各趾的利爪能抓握。蝙蝠常常把自己倒吊起来睡觉。由于经常在夜间飞行，蝙蝠的耳朵比眼睛功能更强大。

趣味小知识

蝙蝠能发出高频声波，声波碰到物体就迅速返回，它凭借返回信息判断猎物的方位，以便准确捕捉。

树懒

树懒终生在树上生活，只有排泄或树上食物吃光时才肯下来。在地面上时，它既不能站立，也不能行走，只能通过前臂缓慢爬行，即使在遇到危险的紧急时刻，它的逃跑速度也不超过0.2米/秒。树懒又是一种懒得出奇的动物，甚至懒得吃食物，一个月不吃东西也饿不死，吃饱了就倒吊在树枝上睡觉。

趣味小知识

树懒行动缓慢，却很少有天敌，因为它的肉不好吃，而且它善于在树上隐藏自己。

食蚁兽

食蚁兽的舌头上遍布小刺和黏液，能伸出60厘米来舐食。当食蚁兽闻到蚂蚁的气味后，先用前爪挖掘蚁巢，伸出舌头粘住蚂蚁，然后再缩回嘴里囫囵吞食，舌头伸缩频率可达每分钟150次！食蚁兽的前爪还是它自卫的武器。每当遇到危险，它就挺起上半身，伸出锋利的前爪对敌，嘴里还发出声音恐吓敌人。

 趣味小知识

食蚁兽前腿长而弯曲。行走时前掌不着地，趾背着地，走起路来像个跛子。

18

穿山甲

穿山甲全身覆盖着半透明的扇形扁平片状角质鳞片，这些鳞片占穿山甲体重的20%。当遇到猛兽时，它会将自己蜷缩成球状，如果猛兽试图咬它，嘴巴就会被鳞片割破。穿山甲是夜行性动物，它白天在洞中休息，晚上才出来觅食。当它靠灵敏的嗅觉发现蚁穴后，便用强健的前爪将其掘开，然后将鼻吻深入进去，以舌头舔食。

趣味小知识

穿山甲的食量很大，一只成年穿山甲一次可吃掉500克白蚁。

tù zi

兔子

兔子的适应能力很强，在荒漠、草原、森林等多种环境下都能很好地生存，这得益于其超强的繁殖力。刚出生两个月的兔子就有了繁殖能力，一胎产4～10只，孕期仅28～31天，一年四季均能繁殖。如果一对兔子每个月只生2只小兔，假设全部成活，一年后就成了一个拥有数百只兔子的大家族。

趣味小知识

并非所有兔子的眼睛都是红的，只有白兔才这样。这是其眼睛里毛细血管流动的血液映到眼球里所致。

松鼠

松鼠发现合适的果实时，会先咬碎其种皮，取出种子，然后拖着毛茸茸的大尾巴将食物藏在一个自认为安全的地方，即使遇到危险也叼着食物不轻易放下。就这样，它一粒一粒地攒够了过冬的食物，几粒或十几粒一堆埋在地下。在寒冷的冬天没有其他食物吃的时候，松鼠就来吃"仓库"中的存货。

趣味小知识

即使不剥开坚果的外壳，松鼠一嗅便知里面有没有果仁。

北极熊

北极熊是世界上最大的陆地食肉动物，成年北极熊直立起来高达2.8米，体重可达800千克。它常用"守株待兔"的方法捕食猎物：先在冰面上找到海豹的呼吸孔，然后耐心等候几个小时，当海豹一露头，北极熊就立刻用尖利的爪子一把将它拖上来；或者潜入水中，当岸上的海豹接近时突然发起进攻。

趣味小知识

北极熊虽然生活在极地，但它的毛发、皮肤都能吸热、储能，经常在雪中打滚以降温。

大熊猫

大熊猫有着圆圆的脸，大大的黑眼圈，胖嘟嘟的身体，非常可爱。大熊猫通常是很温顺的，初次见人时会用前掌蒙面，或低着头不露真容，好像很害羞。一旦它当上了妈妈，警戒心会变得很强，不允许任何动物靠近自己的小宝贝，寸步不离地保护幼仔。

趣味小知识

大熊猫一天中有一半时间都在进食。一只成年大熊猫每天能吃30~38千克新鲜竹笋。

láng
狼

狼是群居动物，一个狼群正常数量维持在7匹左右，也有的达到30匹以上。狼群常以家庭为单位，由最强的头狼领导。头狼身高、腿直、神态坚定，耳朵直立向前，尾部常抬高并微微向上卷曲。每个狼群都有自己的领地，它们会以嚎叫的方式向其他狼群宣告势力范围。

趣味小知识

狼喜欢在夜间嚎叫，公狼唤来母狼，母狼唤来小狼，然后大家成群结队外出猎食。

gǒu
狗

狗可以用来玩赏、狩猎、看家护院，是人类的得力助手。它的嗅觉很灵敏，能从很多混杂气味中嗅出需要寻找的气味。狗的听力也非常好，它能听到的最远距离大约是人的400倍。当狗听到声音时，由于耳与眼的交感作用，有注视音源的习性，完全可以做到眼观六路，耳听八方。狗即使睡觉也保持着高度的警觉性，能分辨清楚1千米以内的声音。

 趣味小知识

狗的汗腺不发达，不能靠出汗降温，它们会伸出舌头大口喘气，靠分泌唾液散热降温。

老虎

老虎的牙齿和爪子非常锋利。当它看到猎物时，先俯下身子，尽量将自己隐藏起来，然后悄悄接近猎物。一旦猎物进入自己的攻击范围，它便会突然跃出，用利爪抓穿猎物的背并将其扑倒在地，然后用锋利的牙齿咬住猎物的咽喉使其窒息，确定猎物死亡才松口。

趣味小知识

老虎的脚掌有厚厚的肉垫，这使得它在悄悄走近猎物时几乎不会发出声音。

狮子

狮子是群居动物，一个狮群一般有8～30个成员，包括老年、中年、青年雌狮，至少有一头成年雄狮及一些幼仔；若有两头雄狮，它们一般是兄弟，其中一头是狮王。雌狮负责狩猎和照顾幼仔。雄狮一般不与狮群在一起，常在领地四周散步巡逻，通过咆哮警告入侵者，用尿液标记领地范围。

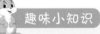

趣味小知识

狮群狩猎时，一些狮子负责驱赶猎物进入包围圈，一些负责伏击或撕咬，分工明确。

猎豹

猎豹奔跑的速度非常快，时速最高可达120千米，通常在1分钟之内就能捕捉到猎物，是奔跑最快的哺乳动物。但它不能长距离高速奔跑，短跑几百米就得减速，因为剧烈运动会使它体内积蓄很多热量，如果不及时散热，就会危及生命。全力奔跑后的猎豹体力很差，需要好几分钟才能复原。

趣味小知识

一头猎豹如果连续狩猎失败超过5次，就可能会被饿死，因为它再也没有力气捕猎了。

māo
猫

猫是一种很爱干净的动物。它的舌头上有很多粗糙的小突起，被人抱过之后，就用舌头当梳子梳理毛发，去除异味。每次用食完毕，猫就用前爪上上下下擦擦脸，将胡须整理好。不要剪掉猫的胡须，胡须是猫的触觉感应器官，剪掉后它走路都会失去平衡，也很难再抓到老鼠了。

趣味小知识

为了在夜间能够看清物体，猫需要大量的牛磺酸，而鼠类和鱼类体内有牛磺酸，所以猫喜欢捕食它们。

hǎi xiàng
海象

海象有一对从两边嘴角伸出的獠牙，像大象的门齿，因此得名。獠牙终生都在生长，最长可达75~96厘米，可作为武器与其他动物搏斗，也可帮助海象在泥沙中挖取食物。海象在冰面上行走困难时，也会用獠牙当拐杖支撑身体。若想捕食冰层下的海虾，它还可用这对獠牙凿开冰洞。

趣味小知识

海象常常数百只紧紧挤在一起，如果发生争吵，就会引起群体骚动，吼叫声一片。

42

蓝鲸

蓝鲸是世界上现存体形最大的动物，平均体长约25米，最长可达33.5米。一头成年蓝鲸相当于35头非洲大象的重量，仅舌头就有2 000千克，大口一张就能吞下数千只磷虾！蓝鲸还是世界上发声最大的动物，在与其他同伴联系时，它能发出超过180分贝的声音，比人站在跑道上听到的喷气式飞机起飞的声音还要大！

趣味小知识

蓝鲸的肠子长达200～300米。它的血管又粗又长，心脏重达500千克。

hǎi tún
海豚

海豚是一种对人类很友善的动物，而且十分聪明。海豚游动迅捷，是海洋中的长距离游泳冠军。海豚听觉很灵敏，海豚捕食、游走和嬉戏都是依靠听觉进行。它还会发出特殊的信号，让同伴知道它是谁和它所在的位置。海豚是群居性动物，群内成员会共同抵御敌人的袭击，也会协作救助受伤或生病的个体。

趣味小知识

我们在海洋馆里经常看到海豚的精彩表演，但是对于海豚来说，这些表演的背后是高负荷的训练。有些国家已经出台相关政策禁止海洋动物表演。

长颈鹿

长颈鹿是世界上最高的陆生动物。长颈鹿的睡眠时间很少，一个晚上一般只睡2个小时。因为太高了，长颈鹿躺下睡觉后再站起来需要足足1分钟，不利于逃生，所以它大部分时间是站着睡觉并呈假寐的状态。长颈鹿睡觉时常常将头靠在树枝上，以免脖子过于疲劳。长颈鹿偶尔也会趴着睡觉，但这对它来说是一件危险的事情。

趣味小知识

长颈鹿的四肢可以全方位踢打，如果一头成年狮子不幸被它踢中，可导致骨头碎裂。

河马

河马体形庞大、笨拙，是陆地上仅次于大象的第二大哺乳动物。除了吻部、尾、耳有稀疏的毛，全身皮肤都裸露在外，很容易被太阳晒伤而干裂，所以它大部分时间都待在水里。它不仅会游泳，还会潜水。潜水时每隔3~5分钟就将头露出水面呼吸一次，也能潜伏半小时不换气。

趣味小知识

河马平时很安静，可一旦脾气上来了，它会用锋利的牙齿咬伤同伴，也会将河里的小船顶翻。

luò tuo
骆驼

骆驼不畏风沙，善于在沙漠中行走。它的脚掌又扁又平，还有又厚又软的肉垫，能行走自如而不用担心陷入松软的沙里。它耳朵里的毛可阻挡风沙进入耳朵，双重眼睑和浓密的长睫毛可防止风沙进入眼睛。大风沙要来时，它还会提前跪下预警，是沙漠中不可缺少的交通工具，有"沙漠之舟"的称号。

趣味小知识

骆驼忍饥耐渴的能力很强，喝足水后连续20天不喝水，也能在沙漠中活动自如。

斑马

斑马因身上有黑白相间的斑纹而得名。在开阔的大草原或沙漠地区，经过太阳光或月光的照射，这种斑纹可以模糊斑马的体形，远远望去，很难将它与周围的环境分辨清楚。生物进化史上曾有一些条纹不明显的斑马，由于体形突出，很容易暴露在狮子、鬣狗等天敌面前，因此遭到捕杀而灭绝。

趣味小知识

即使是有血缘关系的斑马，它们的斑纹也不完全相同，就像人类的指纹各不相同一样。

犀牛

犀牛多独居，彼此之间很少接触。一头成年雄犀牛约有10平方千米的领地，它常常在领地内巡逻，以防其他犀牛进入自己的地盘。犀牛多用自己的尿液或粪便标识自己的领地。一头白犀牛一年能排便30吨左右，有些领地边界线的粪堆可达4.5米宽。在食物短缺的旱季，犀牛的粪便堆积得更多、更夸张。

趣味小知识

犀牛身边常伴有犀牛鸟，这种小鸟会啄食犀牛身上的寄生虫。

大象

dà xiàng shì qún jū xìng dòng wù yǐ jiā tíng wéi dān wèi
大象是群居性动物，以家庭为单位。
nián zhǎng de cí xiàng zuò shǒu lǐng fù zé ān pái měi tiān de huó dòng
年长的雌象做首领，负责安排每天的活动
shí jiān xíng dòng lù xiàn mì shí dì diǎn qī xī chǎng suǒ děng
时间、行动路线、觅食地点、栖息场所等。
chéng nián xióng xiàng fù zé bǎo wèi jiā tíng ān quán yí gè xiàng qún de
成年雄象负责保卫家庭安全。一个象群的
chéng yuán duō shì cí xiàng hé cí xìng hòu dài xióng xiàng zhǎng dào suì
成员多是雌象和雌性后代，雄象长到15岁
shí jiù bì xū lí kāi qún tǐ zǔ jiàn zì jǐ de jiā tíng suǒ yǐ zài
时就必须离开群体组建自己的家庭。所以在
fēi zhōu cǎo yuán guò dú jū shēng huó de yì bān shì lǎo nián xióng xiàng
非洲草原过独居生活的，一般是老年雄象。

趣味小知识

象鼻约有4万块弹性肌肉，非常灵活，可以呼吸、交流、喝水、抓东西、抗敌等。

58

大猩猩

大猩猩是家族式群居动物，每群有3～30只，成员之间等级分明。第一等级是身强体壮、年龄较大、富有经验的雄性首领，负责保卫整个家族的安全及确定觅食、玩耍的时间和地点等；第二等级是刚生幼仔的雌兽；第三等级是不满10岁的青年雄兽；第四等级是尚未成年但已能独立行动的幼仔。

趣味小知识

大猩猩有很多种传递信息的方式，例如"敲击胸脯"是说明自己位置或欢迎对方的意思。

dài shǔ
袋鼠

xiǎo dài shǔ gāng chū shēng shí shēn shàng méi yǒu máo，yǎn jing
小 袋 鼠 刚 出 生 时 身 上 没 有 毛， 眼 睛
yě kàn bú jiàn dōng xi，zhǐ néng dāi zài mǔ dài shǔ de yù ér dài
也 看 不 见 东 西， 只 能 待 在 母 袋 鼠 的 育 儿 袋
nèi。zhí dào 6～7 gè yuè dà shí，xiǎo dài shǔ cái néng duǎn shí jiān
内。直 到 6～7 个 月 大 时， 小 袋 鼠 才 能 短 时 间
lí kāi yù ér dài zì jǐ huó dòng，dàn yí shòu jīng xià yòu huì kuài
离 开 育 儿 袋 自 己 活 动， 但 一 受 惊 吓 又 会 快
sù zuān jìn yù ér dài。yì nián hòu zhèng shì duàn nǎi le，xiǎo dài shǔ
速 钻 进 育 儿 袋。 一 年 后 正 式 断 奶 了， 小 袋 鼠
cái néng lí kāi yù ér dài，zài mǔ dài shǔ páng biān mì shí，bìng suí
才 能 离 开 育 儿 袋， 在 母 袋 鼠 旁 边 觅 食， 并 随
shí huò dé mǔ dài shǔ de bāng zhù hé bǎo hù。
时 获 得 母 袋 鼠 的 帮 助 和 保 护。

趣味小知识

　　袋鼠是跳得最高、最远的哺乳动物。有时候，它会将尾巴当作"第五条腿"，走动时支撑着身体。

树袋熊

树袋熊几乎一生都生活在桉树上，偶尔会因为更换栖息树木或寻找砾石帮助消化，才下到地面。由于桉树叶有足够的水，树袋熊几乎不用下地饮水。当需要排便的时候，树袋熊会在树根部留下小球状的排泄物，并留下自己独特的气味。这种气味一年都不会散，其他树袋熊闻到气味就不会占据它的家。

趣味小知识

树袋熊的育儿袋开口朝后下方，可避免被树枝挂住，还方便幼仔出生后迅速地爬入。

niǎo lèi

鸟类

鸟类是恒温卵生的脊椎动物。与其他脊椎动物不同的是，它们的骨骼轻，身上长有羽毛和翅膀，大部分都能飞。它们大多长着尖锐的鸟喙。除了可以用肺呼吸，它们还可以用气囊呼吸。根据生活习性的不同，地球上的鸟可分为游禽、涉禽、攀禽、走禽、猛禽、鸣禽六大类。

hóng yàn

鸿雁

鸟类迁徙时常常集结成群，鸿雁也不例外。秋季来临时，它们常常汇集成数千只的雁群，一起飞向温暖的南方。休息时，有几只站在较高的地方负责放哨，一旦发现危险，高叫一声便飞起，其他鸿雁也随之起飞。鸿雁飞行时一只接一只排列很整齐，一会儿排成"一"字形，一会儿排成"人"字形，边飞边叫。

趣味小知识

雌雁孵卵时，雄雁会在附近放哨。看到入侵者会独自将入侵者引开，再偷偷返巢。

天鹅

天鹅常成双成对出现，无论觅食还是休息，雌天鹅和雄天鹅常在一起，互相帮助。雌天鹅产卵时，雄天鹅就在旁边负责保护（有的雄天鹅还会代替雌天鹅孵卵），遇到敌人就勇敢地拍打着翅膀迎敌，敢与狐狸等动物进行殊死搏斗。如果一只天鹅不幸死亡，另一只会终身单独生活，不再寻找配偶。

趣味小知识

天鹅起飞时需要向前冲一段距离才能飞起来，最大飞行距离可达9千米。

dān dǐng hè
丹顶鹤

丹顶鹤常成对或成群活动。休息时单腿站立，头转向后插于背羽间，发现危险时就伸直头颈发出叫声示警。若危险逼近，它就腾空飞起，两翅排成"一"字形或"V"字形。交配前夕的丹顶鹤会做出伸腰、弯腰、跳跃、展翅行走等几百个连续的动作，美丽优雅。

趣味小知识

丹顶鹤能发出铜管乐器般的叫声，声音可以传3~5千米，它们借此传递感情、交流信息。

鹦鹉

鹦鹉有很多品种，形态各异，羽毛艳丽，深受人们的喜爱。经过训练的鹦鹉能表演很多新奇有趣的节目，如衔小旗、接食、翻跟斗等，是马戏团、动物园中的"鸟类表演艺术家"。其独特的"口技"在鸟类中更是超群的，能模仿人说话，虽然它并不知道那些话是什么意思。

趣味小知识

鹦鹉的喙强劲有力，可以咬破硬壳取食果肉。

啄木鸟

啄木鸟长着一个尖锐有力的嘴，嘴里有一条细长而柔软的舌头，舌尖还有成排的倒须钩和黏液。这使得它不但能啄开树皮，还能啄开坚硬的木质部分，勾取树干中的昆虫。如果虫子躲在树干深处，它就用嘴四处敲击，发出令虫子害怕的声音。虫子慌乱逃出时刚好被等候的啄木鸟啄食。

 趣味小知识

啄木鸟头两侧肌肉发达，可防震消震。它每天敲击树木五六百次也不会"脑震荡"。

tuó niǎo
鸵鸟

鸵鸟是世界上体形最大的鸟类，有着锐利的目光。在群体觅食时，每只鸵鸟都会不时抬头观察环境，一旦发现危险立刻通报其他同类迅速躲避。它们没有飞羽，不能飞翔，但擅长奔走。鸵鸟在沙漠中的奔跑速度可达每小时50千米，冲刺速度甚至超过每小时70千米，每一步距离可达3.5米。

趣味小知识

鸵鸟的蛋也是现存鸟类中最大、最重的，一枚鸵鸟蛋相当于20枚鸡蛋的重量。

tū yīng
秃鹰

秃鹰是一种性情凶猛的大型猛禽。它们足趾顶端弯曲的利爪能深深插入猎物体内，刺穿其要害；钩状的大喙能将猎物撕碎；后足趾和后爪强健有力，能将浮在水面附近的大鱼拖到岸边吃掉。除了狩猎之外，秃鹰最大的爱好是梳理自己的羽毛，常花费很长时间梳理自己的数千支羽毛。

趣味小知识

秃鹰视力敏锐，飞在高空也能清楚地分辨出地上奔跑的松鼠和水底游动的鱼。

māo tóu yīng
猫头鹰

　　猫头鹰头部宽大，面部与猫非常相似，因而得名"猫头鹰"。它耳孔周缘的耳羽是一个回声定位系统，可帮助它分辨声音，定位猎物。它的视网膜中视杆细胞多，视锥细胞少，夜间视觉非常灵敏。它常白天栖息于枯树墩或树枝上，晚上依靠灵敏的听觉和视觉寻找食物。

趣味小知识

鸮形目中所有鸟都被叫作"猫头鹰"，总数超过130种，大部分品种为夜行肉食性动物。

kǒng què
孔雀

雄孔雀的尾屏主要由尾部上方长长的覆羽构成，羽尖有彩虹光泽的圆圈，周围有蓝色、青铜色羽毛缠绕。在交配前它会将尾屏下的尾部竖起，颤动的尾羽闪烁发光，鲜艳美丽，这就是有名的"孔雀开屏"。雌孔雀没有漂亮的尾屏，但常有数只雄孔雀向它求婚，雄孔雀们不断抖动自己艳丽夺目的尾屏，有时候还会为雌孔雀打架。

趣味小知识

孔雀善奔走，不善飞行。行走时上下点头，一遇到敌人就大步奔跑，很少飞起。

bǎi líng
百灵

百灵是小型鸣禽，可以模仿许多鸟类、昆虫、小动物们的鸣叫声。即使最普通的百灵鸟也能发出10余种声调，发声响亮，声色委婉动听，并且能持续很长时间，有时还能一边叫一边展翅高飞，被称作"鸟中歌手"。如果将老百灵的叫声录下来放给小百灵听，小百灵还会跟着学"唱歌"。

趣味小知识

小百灵的绒羽一掉完，喉部就能发出细小的嘀咕声了，此时可训练它学"唱歌"。

qǐ é
企鹅

企鹅不能飞翔，行走时像一个穿燕尾服的绅士一摇一摆，遇到危险时跌跌撞撞，狼狈得可爱。但一到水里，它短小的翅膀就成了一对厉害的划桨，每小时可游25～30千米。由于企鹅经常昂首伫立在岸边或雪地上，好像在企盼着什么，而且其正面像汉字"企"，所以它的译名是"企鹅"。

趣味小知识

　　企鹅是游泳最快的鸟类，常用海豚式的方法游泳，即潜泳一段距离后露出水面换气，然后再继续潜泳。

pá xíng dòng wù
爬行动物

爬行动物属变温脊椎动物，通常为卵生，身体有明显的头、颈、躯干、四肢和尾部，身上覆盖着鳞片或角质板，用肺呼吸。由于四肢从体侧横出，不方便站立，所以腹部常贴着地面爬行，只有少数体形小巧的爬行动物能快速前进。在恐龙灭绝前，地球曾是爬行动物的天下，如今只有龟鳖类、鳄类、喙头蜥类和有鳞类残存。

wū guī
乌龟

　　乌龟是一种性情温和的爬行动物，身上有非常坚固的甲壳，遇到危险或受到惊吓时，就将头、尾、四肢缩回龟壳内。人工饲养的乌龟初到新环境时不会马上吃东西，待它适应新环境之后，就会找食物吃了。不过它非常耐饿，即使一个月不吃东西也不会饿死。

趣味小知识

　　乌龟是杂食性动物，它既吃昆虫、小鱼、小虾、蠕虫等动物性食物，也吃植物嫩叶、种子及麦粒、浮萍等植物性食物。

中华鳖

zhōng huá biē xǐ huan zài tiān qì qíng lǎng de rì zi pá shàng àn
中华鳖喜欢在天气晴朗的日子爬上岸
shài tài yáng xià jì tiān rè de shí hou hái xǐ huan zài shù yīn xià
晒太阳，夏季天热的时候还喜欢在树荫下
chéng liáng dàn dōu bú huì lí shuǐ tài yuǎn duì yú zhōng huá biē de shēng
乘凉，但都不会离水太远。对于中华鳖的生
huó xí xìng mín jiān yǒu chūn tiān fā shuǐ zǒu shàng tān xià rì yán
活习性，民间有"春天发水走上滩，夏日炎
yán liǔ yīn qī qiū tiān liáng le rù shuǐ dǐ dōng jì yán hán zuān ní
炎柳荫栖，秋天凉了入水底，冬季严寒钻泥
tán de shuō fǎ zhōng huá biē bǐ jiào dǎn xiǎo róng yì shòu jīng
潭"的说法。中华鳖比较胆小，容易受惊，
suǒ yǐ tōng cháng zài yè jiān chū lái mì shí
所以通常在夜间出来觅食。

趣味小知识

大小不同的中华鳖不要放在一起混养，否则小的会被大的欺负，甚至被吃掉。

è yú 鳄鱼

鳄鱼与恐龙是同时代的动物，也是迄今为止还存活着的最早和最原始的动物之一。它长着一嘴尖利的锥形齿，浑身披着坚硬的鳞甲，尾巴又长又厚又有力，还有一个能咬碎乌龟硬壳的大颚。鳄鱼不但猎食兔子、鹿等中小型哺乳动物，还敢袭击大象，也有过攻击人的记录，的的确确是一种凶猛恐怖的动物。

趣味小知识

鳄鱼有时会流眼泪，但这并不是它在伤心，而是在排泄体内多余的盐分。

壁虎

壁虎白天潜伏在墙缝中、瓦檐下、橱柜背后等隐蔽的地方，晚上就会从隐蔽处出来捕食昆虫。如果有人捉住它的尾巴，它就会断尾趁机逃跑。神奇的是它断掉的尾巴还会摆动，起到吓唬人的作用。过一段时间，断尾的壁虎还会重新长出尾巴。

趣味小知识

壁虎的脚趾下有很多刚毛"刷子"，吸附力很强，这也是它在垂直的墙面上爬行时不会掉下来的原因。

shé
蛇

蛇虽然身体细长、四肢退化,却是脊椎动物,可直线行走,也可蜿蜒曲折前进。爬行较慢的蛇,如铅色水蛇等,受到惊吓时蛇身会很快地连续伸缩,看起来好像在跳跃。爬行最快的蛇是非洲黑毒蛇,速度可达每秒5米,能突然蹿出捕食正在飞行的小鸟,本领相当高强。

趣味小知识

蛇的嘴可以张得很大,遇到大的食物就先使其死亡再吞食,慢慢消化。

扫一扫 听一听

liǎng qī dòng wù

两栖动物

两栖动物属变温脊椎动物。它们皮肤裸露在外，既没有毛发覆盖，也没有鳞片（一些蚓螈除外）保护，但可以通过分泌黏液保持身体的湿润。所以它们既可以爬上陆地生存，也可以在水中生存。两栖动物一生要经历卵、幼体、成体三个阶段，幼体在水中生活，用鳃进行呼吸，长大后就可以生活在陆地上，用肺和皮肤呼吸。

róng yuán
蝾螈

蝾螈一般外表鲜艳美丽，这是在告诫侵略者：我是有毒的。一些肉食动物看到它鲜艳夺目的颜色就会绕开走。也有不识相的，比如蛇。当蛇向蝾螈进攻时，蝾螈的尾巴就会分泌出胶质，它用尾巴猛烈地抽打蛇头，直到蛇嘴巴被粘住；有时甚至会出现整条蛇都被胶质粘成一团而无法动弹的情景。

趣味小知识

蝾螈如果受到袭击而断肢，伤口不久就会长出肉芽，慢慢长出一条与原来一样的新腿。

青蛙

青蛙是伪装高手，除了肚皮是白色的，全身都是黄绿色，这可以帮助它悄悄潜伏在青草中不被敌人发现。青蛙还是运动健将，当感到危险时，它先让自己蹲伏，然后再拉伸后肢肌肉，一跃就能跳出约为身长20倍的距离！人们根据这个现象发明了"蛙跳"的运动形式。

趣味小知识

青蛙的眼睛看不见静止的景物，但能快速识别运动中的猎物，通过伸缩舌头来捕获猎物。

chán chú
蟾蜍

蟾蜍皮肤粗糙，背部长满了大大小小的疙瘩，这是它的皮脂腺，能分泌毒液。蟾蜍虽然相貌丑陋，却是捕食害虫的能手。它白天多潜伏在草丛和农作物间，黄昏就跳到路旁、草地上捕食害虫，一夜之间吃掉的害虫是青蛙的好几倍。另外，蟾蜍还是名贵的中药材，其分泌物可用来制作蟾酥。

趣味小知识

雄蟾蜍身上有时背着成串的小颗粒，这是它的卵，背在身上是预防被捕食者吃掉。

箭毒蛙

箭毒蛙全身鲜艳多彩，常为黑色与鲜红、黄、橙、粉红、绿、蓝等颜色结合，是世界上最美丽的蛙类，也是毒性最强的物种之一。有些品种的箭毒蛙仅仅接触就能伤人，它所分泌的毒素会被皮肤吸收而导致严重过敏。当地人一般不会杀死它提取毒素，而是用吹箭枪的矛头刮蹭蛙背制作毒箭，因此得名"箭毒蛙"。

趣味小知识

箭毒蛙的卵一旦发育成蝌蚪，雌蛙就将蝌蚪分别背到不同的池塘中，预防它们在一起互相残杀。

yú lèi
鱼类

鱼类是最古老的脊椎动物，也是脊椎动物中种类最多的一个类群，比其他脊椎动物种数的总和还要多。鱼类用鳃呼吸，要么生活在海水中，要么生活在淡水中，还有不足10%的洄游鱼类在海水与淡水中来回迁徙，在两种水质中都能生活。大部分鱼全身覆盖着鳞片，依靠鱼鳍的摆动前进，有些鱼的鳍还具有攻击、发声、爬行、跳跃等功能。

大白鲨

大白鲨擅于突袭。由于它的背部是难以被发现的深褐色，它经常埋伏在水底，水面上的动物一般难以发现它的存在。一旦发现猎物，大白鲨就从下至上向猎物发动突然攻击，一击就可令猎物重伤。此时它会暂停攻击，待猎物失血过多死亡后再慢慢享用。如果猎物在水中高速前进，大白鲨则会跃出水面攻击。

趣味小知识

大白鲨牙上有倒钩，猎物被咬住后很难挣脱，若牙齿脱落，后面的备用牙会自动补充。

金枪鱼

金枪鱼是游得最快的海洋动物之一，最快可达每小时160千米，比陆地上奔跑速度最快的猎豹还要快，只有鲨鱼和海豚能与其相提并论。为了补充不断游动消耗的精力，它必须不停地吃食物。一条金枪鱼一顿要吃掉约等于其体重18%的食物，相当于一个成年男人一顿吃掉了两只鸡且不吐骨头！

趣味小知识

金枪鱼能够长距离快速游动，每天游程约230千米，超过了从北京到天津的距离。

鲑鱼

鲑鱼是一种著名的洄游鱼类，它在江河中出生，然后游3~4年来到大海，在大海里成长，成年后再成群结队地返回出生地交配、产卵，然后死去。在返回江河时，它们往往什么也不吃，逆流而上，能跃出水面4米多高。整个行程约3 000千米，是迁移距离最远的鱼类。

趣味小知识

大西洋鲑是多次繁殖的。它们不会在产卵后死去，而是回到海洋恢复体能，来年再次溯游入河重复产卵。

fēi yú
飞鱼

飞鱼并不是会飞的鱼,而是它在躲避水中的捕食者时能在水面上滑翔,看起来好像在飞一样。它能用尾巴拍水,使全身好像箭一样射向空中,飞跃出水面,暂时离开危险水域。但这种逃生方法不是绝对可靠的,有时候会被守候在海面的军舰鸟所捕食,或者不小心落到海岛上缺水而死,或撞死在礁石上。

趣味小知识

飞鱼像飞蛾一样喜欢光。夜晚在船的甲板上挂上一盏灯,会吸引成群的飞鱼撞到甲板上。

海马

海马不是马，而是一种外形独特的鱼：有着马一样的头部，象鼻似的尾巴，木雕一样有棱角的身体。最神奇的是，它的两只眼睛可以各自分别向上下、左右或前后转动，可以说是最不像鱼类的鱼了。但它有鱼鳍，可以通过背鳍和胸鳍的摆动使自己直立在水中。海马可以适应盐度不同的海水，甚至在淡水环境中也可以存活。

趣味小知识

海马是目前地球上唯一一种雄性生育后代的动物，小海马就出生在爸爸的育儿袋中。

扫一扫 听一听

无脊椎动物是背侧没有脊柱、内部也没有骨骼的动物，是最原始的动物形态，种类占地球动物总数的95%以上。除了没有脊椎这一共同点外，所有无脊椎动物内部并没有太多共同之处，是一个神奇的、多样化的动物种系。在无脊椎动物中，有的广为人知，如蝴蝶、蜜蜂；有的鲜为人知，如珊瑚虫。各种各样的无脊椎动物广泛地分布于世界各个角落。

shān hú chóng
珊瑚虫

珊瑚虫有八个或八个以上的触手。触手中央有口，食物从口进入，残渣也从口中排出。它们在生长过程中吸收了海水中的钙和二氧化碳，分泌出石灰石，形成保护自己的外壳，相当于自己的骨骼，这就是珊瑚。许多珊瑚虫群居在一起，它们的后代就在祖先的骨骼中繁殖，形成各种各样的珊瑚。

趣味小知识

珊瑚是珊瑚虫的分泌物，外形像树枝，色彩绚丽，造型多样。

127

蜗牛

蜗牛是陆地上最常见的软体动物之一。它有一个小螺形甲壳，行走时头伸出甲壳，受惊时头和尾一起缩进甲壳，休息时全身藏在壳中，以黏液封口。蜗牛头上有触角，通过触角传递信息。蜗牛足可分泌黏液，既可以对抗蚂蚁等昆虫，又能减小摩擦，帮助自己行走。所以蜗牛走过的地方通常有一条黏液痕迹。

趣味小知识

蜗牛约有26 000颗牙齿，是牙齿最多的动物。但它不用牙齿咀嚼，而用舌头碾碎食物。

táng láng
螳 螂

螳螂的一生经过卵、若虫、成虫三个发育阶段，每年7~10月是成虫时期，即我们通常所看到的样子。到达成虫阶段10~15天就可以交配了，这一阶段是螳螂吃食物最多的时期。如果此时食物不够吃，为了补充繁殖后代所需的营养，雌螳螂会吃掉雄螳螂，但并非所有的雄螳螂都会被雌螳螂吃掉。

趣味小知识

螳螂是益虫，会捕食苍蝇、飞蝗等害虫，还有蛾蝶类的卵及幼虫。

蚂蚁

蚂蚁是地球上数量最多的昆虫，也是世界上抵抗自然灾害能力最强的生物之一。蚂蚁具有社会性和群居性，一般分蚁后、工蚁两个等级，蚁后是整个群体中体形最大的蚂蚁，主要负责产卵、繁殖后代。工蚁主要负责建造巢穴、采集食物、喂养幼虫和蚁后。某些种类的蚂蚁中还有负责战斗的兵蚁。

趣味小知识

蚂蚁是建筑专家，蚁巢有四通八达的通道和功能多样的分室，牢固、安全，冬暖夏凉。

mì fēng
蜜蜂

蜜蜂过着群居生活，一个蜂群中有蜂王、工蜂和雄蜂三种类型。蜂王和雄蜂主要负责繁殖后代，负责采蜜的主要是工蜂。一只工蜂平均每日采蜜10次，每次所携带的蜜量是其体重的一半。除此之外，工蜂还负责侦察、守卫、清洁、筑巢、照顾蜂王、饲养幼蜂等工作，非常忙碌。

趣味小知识

采蜜很辛苦，一只蜜蜂采集一千多朵花才能获得一蜜囊花蜜，忙碌一生仅能酿造约0.6克蜂蜜。

蜘蛛

蜘蛛善于利用自己分泌的丝织网。若有昆虫撞到它的网里，它通过丝的振动立即就知道，会马上过来捕食。有的蜘蛛留在网中，昆虫撞进来时它就先用丝将猎物缠绕住，然后将其咬伤，再拖回隐蔽处进食。若遇到大型昆虫，就先将其咬伤再用丝捆绑。有些品种的蜘蛛会共织一张网，共同捕食。

趣味小知识

蜘蛛丝的强度是同等体积钢丝的5倍！科学家正在研究利用蜘蛛丝制造高强度材料。

蝴蝶

蝴蝶的翅膀上有丰富多彩的图案，身体上有各种斑点，美丽极了。但它的翅膀不仅是为了展示自己的美丽，还可以用来隐藏自己容易受伤的身体，也可用来吸引配偶。蝴蝶翅膀上缤纷多彩的物质是鳞片。鳞片里含有丰富的脂肪，能起到防水的作用，蝴蝶即使在雨中飞行也不用担心翅膀被淋湿。

趣味小知识

　　蝴蝶小时候是肉虫或毛毛虫，成熟后变成蛹，在蛹中慢慢长出翅膀，等力量足够大时就破茧成蝶了。

扫一扫 听一听

　　小朋友们，读完这本《动物小百科》，你对动物有了哪些了解呢？你能认出下面这些动物吗？仔细看一看下面的图片，说出它们的名字吧。

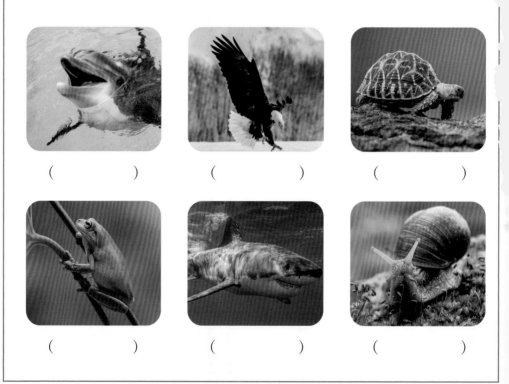

（　　　　） 　（　　　　） 　（　　　　）

（　　　　） 　（　　　　） 　（　　　　）